BEI GRIN MACHT SICH IHR WISSEN BEZAHLT

- Wir veröffentlichen Ihre Hausarbeit, Bachelor- und Masterarbeit

- Ihr eigenes eBook und Buch - weltweit in allen wichtigen Shops

- Verdienen Sie an jedem Verkauf

Jetzt bei www.GRIN.com hochladen und kostenlos publizieren

Sarah Wiesner

Der Garten der Alten Nationalgalerie in Berlin und die Frage nach der Rekonstruktion

GRIN Verlag

Bibliografische Information der Deutschen Nationalbibliothek:

Die Deutsche Bibliothek verzeichnet diese Publikation in der Deutschen National-
bibliografie; detaillierte bibliografische Daten sind im Internet über http://dnb.d-
nb.de/ abrufbar.

Impressum:

Copyright © 2008 GRIN Verlag GmbH
Druck und Bindung: Books on Demand GmbH, Norderstedt Germany
ISBN: 978-3-656-40708-9

Der Garten der Alten Nationalgalerie - und die Frage nach der Rekonstruktion

1 Einleitung

Die Alte Nationalgalerie ist ein beliebte Sehenswürdigkeit in Berlins Mitte. Viele tausende Besucher besichtigen jährlich auch den dazugehörigen Garten samt den begrenzenden Kollonnaden. Dass der räumlich streng begrenzte Ort in der Vergangenheit eine bewegte Geschichte erfahren hat und sich Atmosphäre und Erscheinungsbild der Gartenanlage mehrfach verändert haben, ist nicht allen Besuchern bekannt.

In folgender Ausarbeitung wird die Geschichte des Gartens der Alten Nationalgalerie näher beleuchtet. Aus dieser Geschichte resultiert dann die Frage nach der Rekonstruktion: Welcher ehemalige Zustand ist das erklärte Ziel bei der Wiederherstellung einer Gartenanlage?

1.1 Lage

Die Alte Nationalgalerie bildet zusammen mit dem Alten Museum, den Neuen Museum, dem Bode-Museum, dem Pergamon-Museum, dem Berliner Dom und dem Lustgarten die Berliner Museumsinsel (siehe Abb. 1). Als Eigentum des Landes Berlin liegt sie in der Mitte des Komplexes Museumsinsel, zwischen den Gleisen der Berliner Stadtbahn und der Bodestraße, am östlichen Ufer der Insel (siehe Abb. 2). Im Norden schließt sich das Pergamon-Museum an, im Süden das Neue Museum, das Alte Museum und der Berliner Dom.

Abb. 1 Blick nach Süden,
http://www.wsa-b.de
[Stand 05.06.2008]

Abb. 2 Blick nach Norden auf die Museumsinsel,
http://www.berlin.de/orte/museum/museumsinsel-berlin-mitte
[Stand 05.06.2008]

1.2 Stand der Forschung und Quellenlage

Aus denkmalpflegerischer Sicht sind zahlreiche Quellen zur Thematik des Gartens der Alten
Nationalgalerie vorhanden. Von grundlegender Wichtigkeit für diese Ausarbeitung war
insbesondere das Gartendenkmalpflegerische Gutachten aus dem Jahr 1993, welches von
der Arbeitsgemeinschaft Dr. C. Wimmer und J. Schwarzkopf erstellt wurde. Das Gutachten
dokumentiert die Phasen der Gartengestaltung und liefert zahlreiche historische Bildquellen.
Eine in dieser Hinsicht weitere wichtige Quelle war das Entwicklungskonzept `Garten der
Nationalgalerie – Kolonnadengarten`, welches im Jahr 1998 von A. Röthig veröffentlich
wurde. Ausblicke in die Zukunft des Gartens der Alten Nationalgalerie gaben der Masterplan
Museumsinsel (Stand November 2000) und der Entwurf der Landschaftsarchitekten Levin
und Monsigny für den Kolonnadengarten aus dem Jahr 2002.

2 Geschichtlicher Überblick

Die Geschichte des Gartens der Alten Nationalgalerie in Berlin ist wechselhaft und von den
jeweiligen Epochen geprägt. Obwohl er ein zentraler Ort inmitten der Museumsinsel ist, war
die Gestaltung des Gartens immens von der Baugeschichte der umliegenden Gebäude und
auch von der jeweils aktuellen politischen Situation abhängig. Deswegen erschließt sich die
gartenhistorische Entwicklung des Geländes aus der Baugeschichte der gesamten
Museumsinsel, auf welche im folgenden Abschnitt näher eingegangen wird.

2.1 Die Grundsteinlegung der Museumsinsel durch Karl Friedrich Schinkel

Das erste Museum auf der Museumsinsel war das Alte Museum. Das im Jahr 1823 - 1824
vom Leiter der Preußischen Baubehörde Friedrich Schinkel errichtete, klassizistische
Gebäude bot bereits nach zehn Jahren nicht mehr genügend Raum für die vorhandenen
Kunstwerke. Die ersten Ideen eine Nationalgalerie einzurichten kamen um das Jahr 1815 auf
und verstärkten sich in den 1830er-Jahren. Kaiser Friedrich Wilhelm IV. war selbst sehr an
der Kunst der Architektur interessiert und legte aus eigener Feder gefertigte Entwürfe für die
von ihm geforderte „Freistätte für Kunst und Wissenschaft" vor.[1] Die Skizzen zeigen
gewaltige klassizistische Baumassen, welche zum Teil aufeinander getürmt waren (siehe
Abb. 3). Die Planung und Ausführung imposanter Gebäude hatte alleine das Ziel, Berlin zu
einer einmaligen Kunstmetropole im deutschsprachigen Raum zu machen.[2]

---

[1] vgl. MENGES 2003, S. 6
[2] vgl. WEDEL 2002, S. 178 f

Abb. 3 Skizze von Kaiser Friedrich Wilhelm IV. um 1835,
WEDEL 2002, S. 180

2.2 Der Masterplan Museumsinsel von Friedrich August Stüler

Friedrich August Stüler war ein Schüler Schinkels und wurde nach dessen Tod im Jahr 1841 mit der Erweiterung der Museumsinsel betraut. Er galt wie sein Lehrer als weit gereister Architekt mit Aufenthalten in Italien, Frankreich und England. Im selben Jahr seiner Anstellung entwickelte er noch einen Entwurf für drei weitere Bauten: Dies war sozusagen der erste Masterplan für die Museumsinsel (siehe Abb. 2).[3]

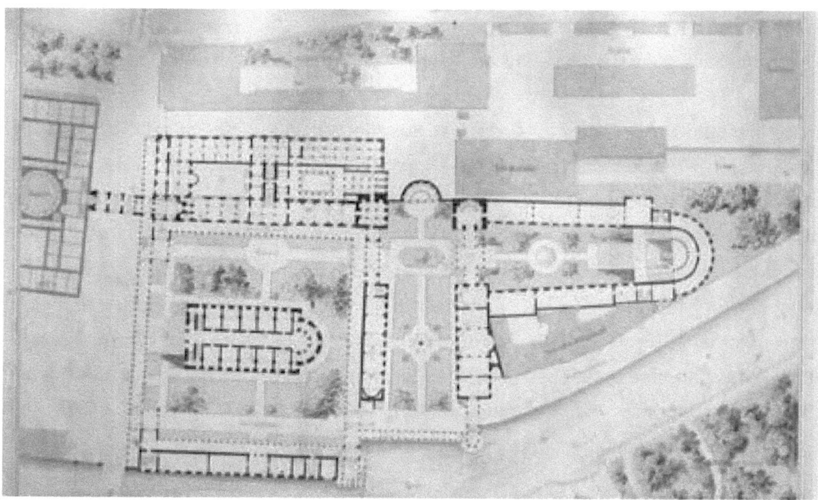

Abb. 4 Stülers Masterplan von 1841,
http://www.museumsinsel-berlin.de [Stand 05.06.2008]

---

[3] vgl. WIMMER/SCHWARZKOPF 1993, S. 129

Erst später wurden die Zeichnungen aus dem Jahr 1841 veröffentlicht. In ihnen ist deutlich Stülers Bestreben erkennbar, die Schinkelschen Wirtschaftsbauten am Kupfergraben (wie beispielsweise das Packhaus) zu erhalten. Die Planung war sehr großzügig. Baukörper und Hofflächen korrespondierten miteinander. Von Stülers Masterplan wurde allein das Neue Museum wirklich in der geplanten Form ausgeführt. Die Alte Nationalgalerie erscheint im Plan bereits als Einzelbauwerk, vergleichbar mit einem Tempelbau. Im Norden der Insel war ein halb runder, nach Süden geöffneter und mit Säulen verzierter Baukörper geplant, der niemals umgesetzt wurde.[4]

Besonders wichtig an diesem Plan war die Vernetzung des gesamten Areals: Kolonnaden durchziehen die Zwischenräume. Der Grundstein für dieses Konzepts wurde an der Alten Nationalgalerie mit der Umsetzung der ersten Kolonnadengänge verwirklicht. Der König erteile seinem Architekten zuerst nur den Auftrag für den Bau des Neuen Museums. Dieses wurde nach dem Baubeginn 1841 im Jahr 1859 fertiggestellt. In den Jahren von 1862 bis 1865 überarbeitete Stüler die alten Baupläne: Sowohl das Gebäude als auch das Umfeld der Alten Nationalgalerie wurden in den künftigen Plandarstellungen größer dimensioniert.[5]

2.3 Die Errichtung der Alten Nationalgalerie unter Heinrich Strack

Nach Stülers Tod folgte im Jahr 1867 die Grundsteinlegung und damit der Baubeginn der Alten Nationalgalerie. Die Bauausführung fand unter der Leitung von Heinrich Strack statt. Bis zum Jahr 1878 wurden die rahmenden Kolonnaden fertiggestellt, welche auf den vorangegangenen Entwurf Stülers zurückgingen. Zur Eröffnung war die Nationalgalerie nur mit relativ wenigen Werken ausgestattet. Ihr Auftrag lag darin moderne, anfangs hauptsächlich preußische Kunst zu sammeln, da Berlin zu diesem Zeitpunkt über kein Museum für zeitgenössische Kunst verfügte.[6]

2.4 Die weiteren Museumsbauten

Im Jahr 1872 wurde eine Eisenbahntrasse mitten durch Berlins historisches Zentrum geplant. Um weiteren verkehrsplanerischen Maßnahmen entgegenzutreten, legte der Baumeister der königlichen Museen daraufhin weitere Entwürfe für die Erweiterung des Baubestandes der Museumsinsel vor. 1881 wurde die Planung von zwei neuen Museen schließlich Inhalt des Schinkelwettbewerbs, welcher jedoch kein brauchbares Gesamtkonzept hervorbrachte. Ein weiterer Wettbewerb wurde im Jahr 1884 entschieden:

---

[4] vgl. ebd.
[5] vgl. WIMMER/SCHWARZKOPF 1993, S. 129 ff
[6] vgl. WEDEL 2002, S. 179 f

Auch dieser war für die Bebauung der Insel nicht ausschlaggebend. Mit dem Amtsantritt Kaiser Wilhelms II. im Jahr 1888 fiel endgültig die Entscheidung für einen Neubau an der Nordspitze der Spreeinsel: Das Kaiser-Friedrich-Museum (später Bode-Museum) wurde vom Architekten Ernst Eberhardt erbaut und im Jahr 1906 eingeweiht. Der neue Generaldirektor Bode gewann im selben Jahr den Architekten Alfred Messel für den Entwurf des Pergamonmuseums, welches erst im Jahr 1930 als vorerst letztes Stück der Museumsinsel vollendet wurde.[7]

2.5 Die Alte Nationalgalerie heute

Die Alte Nationalgalerie beherbergt heute Gemälde und Skulpturen des 19. Jahrhunderts. Mit der testamentarischen Überlassung durch den Bankier J.H.W. Wagener im Jahre 1861 entstand so das Stammhaus der Nationalgalerie. Nach Behebung der schweren Kriegsschäden, die der Zweite Weltkrieg hinterlassen hatte, wurde die Galerie 1955 vollständig wieder eröffnet. Dank der durch den Masterplan Museumsinsel seit 1998 möglichen Generalsanierung wurde die Alte Nationalgalerie im Dezember 2001 als erstes Gebäude der Museumsinsel wieder eröffnet.[8]

3 Gartenhistorische Einordnung

3.1 Historische Entwicklung

Im Allgemeinen ist zu sagen, dass die Gestaltung des Gartens der Alten Nationalgalerie von vornherein eher ein unwichtigere Stellung als die umliegende Architektur hatte: Die Komposition der Gebäude und deren Anordnung zueinander, sowie Sichtachsen (z.B. die Sichtachse zum Reiterstandbild auf der Freitreppe der Alten Nationalgalerie) und die Verbindung durch Kolonnadengänge spielten seit jeher eine größere Rolle. Erst im Jahr 1878, als der Bau der Nationalgalerie schon seit zwei Jahren vollendet war, wurde mit der Anlage von Straßen und Garten begonnen (siehe Abb. 5). Ab 1872 kam die Idee auf, einen Skulpturengartens vor der Alten Nationalgalerie anzulegen (siehe Abb. 6). Als erste Skulptur wurde die „Mutterliebe" von Moritz Schulzim Jahr 1880 aufgestellt. Es folgten viele weitere wie z.B. der „Trunkene Faun" von Ludwig Sussmann-Hellborn. Im Lauf der Zeit wurden die Statuen oft versetzt oder teilweise entfernt, bzw. verschwanden sie im Kriegsgeschehen.[9]

---

[7] vgl. WEDEL 2002, S. 180
[8] vgl. online im Internet http://www.smb.museum/smb/sammlungen/details [Stand 05.06.2008]
[9] vgl. WIMMER/SCHWARZKOPF 1993, S. 157 ff

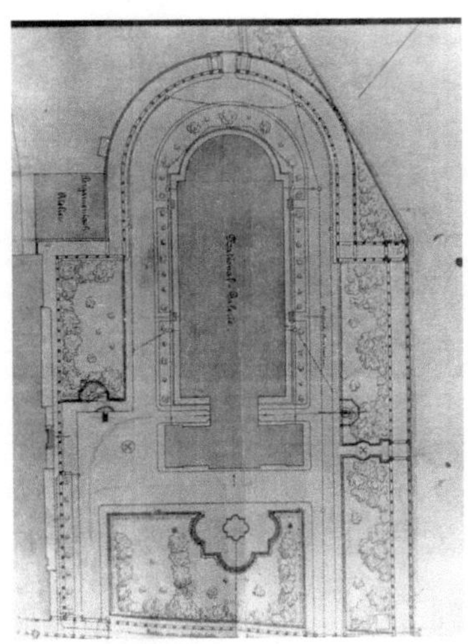

Abb. 5 Lageplan 1885,
WIMMER C.A., SCHWARZKOPF J. 1993, S. 138

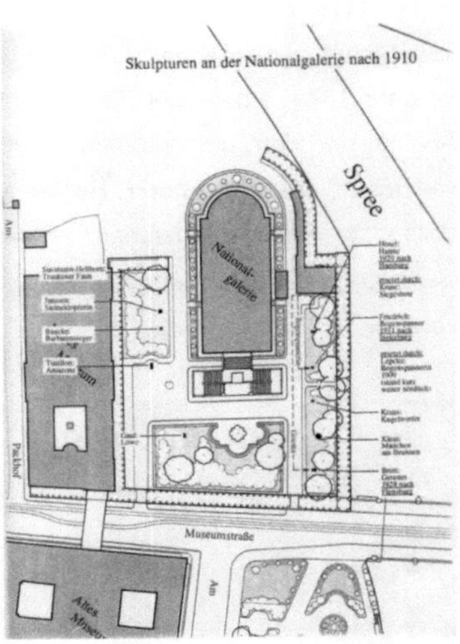

Abb. 6 Skulpturengarten nach 1910,
WIMMER C.A., SCHWARZKOPF J. 1993, S. 159

Die 1878 fertiggestellten Kolonnaden rahmen die Gartenanlage und hatten entlang der Bodestraße auch die Funktion des Gehwegs (siehe Abb. 7). In das klassizistische Bauwerk wurden auf der Spreeseite zur Belebung der Architektur drei überkuppelte Pavillons eingefügt.[10]

Abb. 7 Die Kolonnaden um 1929,
WIMMER C.A., SCHWARZKOPF J. 1993, 140

Abb. 8 Flieder und Buchskugeln, Westseite 1902
WIMMER C.A., SCHWARZKOPF J. 1993, 152

Die Vegetation im Garten der Alten Nationalgalerie sollte niedrig gehalten werden, um den freien Blick auf das Gebäude zu ermöglichen. Nach 1878 bestand der `Garten` nur aus einer einfachen Rasenfläche: Die Ränder entlang der Nationalgalerie und am Neuen Museum waren im Wechsel mit Flieder- *(Syringa vulgaris)* und Buchskugeln *(Buxus sempervirens)*

---

[10] vgl. WIMMER/SCHWARZKOPF 1993, S. 135 f

bepflanzt (siehe Abb. 8). Die niedrigeren Buchskugeln standen unter den Fenstern, um eine freie Sicht zu ermöglichen.

Im Jahr 1879 wurde der Fontainenplatz mit dem vierpassförmigen Brunnenbecken (siehe Abb. 9) und dem entsprechenden Platz mit halb runden Nischen und lehnenlosen Becken vor einer abschließenden Hecke errichtet. 1880 wurde die Gartenanlage schließlich vollendet: Strauchpflanzungen entlang der Kolonnaden rahmten das Gebäude. Die Gartenanlage beginnt jedoch schon ab dem selben Jahr aufgrund von mangelnder Pflege zu verwildern.[11]

Abb. 9 Brunnenbecken mit Mosaik,
WIMMER C.A., SCHWARZKOPF J. 1993, S. 150

Abb. 10 Südwestansicht, verwilderte Gartenanlage
WIMMER C.A., SCHWARZKOPF J. 1993, S. 154

Nach längerer Diskussion bezüglich des Standorts, wurde das Reiterstandbild Friedrich Wilhelms des IV. auf Wunsch des Kaisers schließlich im Jahr 1886 auf der Freitreppe aufgestellt. Im Lauf der Zeit füllte der Garten sich mit immer mehr Skulpturen. Auch die umliegende Architektur der Alten Nationalgalerie erfuhr zahlreiche Änderungen: Der Apothekenflügel, die Kaiser-Wilhelm-Brücke, das Mehlhaus, das Maschinenhaus, die Börse und der Dom wurden nach und nach abgerissen und zum Teil neu wieder aufgebaut. Ab dem Jahr 1896 ist die `Königliche Thiergartenverwaltung` für die Pflege der Gartenanlage zuständig. Um 1900 wurden die Freiflächen der Nationalgalerie am Nordportal der Kolonnaden erweitert.[12]

Der Entwurf von Alfred Messel für das Bodemuseum vom Jahr 1907 sieht noch die Erhaltung der Kolonnaden vor. Durch die Erweiterung des Museumsgrundrisses im Plan von Ludwig Hoffmann (1910) wird jedoch der partielle Abbruch im Nordwesten der Kolonnaden erforderlich.[13]

Im Jahr 1910 war die Sicht vom Säulengang an der Museumstraße auf die Alte Nationalgalerie aufgrund von mangelnder Pflege zugewachsen (siehe Abb. 10). Im selben

---

[11] vgl. WIMMER/SCHWARZKOPF 1993, S. 150 ff
[12] vgl. ebd., S. 142 ff
[13] vgl. ebd.

Jahr wurden aufgrund des Baus des Pergamonmuseums zwei Großbäume *(Aesculus hippocastanum, Platanus x hispanica)* an die Nordseite der Nationalgalerie versetzt.

Das Gesamtensemble der Nationalgalerie war somit zerstört – die Veränderungen geschahen entgegen dem Willen des damaligen Direktors der Nationalgalerie Justi.

Nach Bau des Pergamonmuseums war auf der Fläche nördlich der Nationalgalerie Granit-Großsteinpflaster verlegt. Im Jahr 1934 wurde die Fläche zwischen dem Neuen Museum und der Nationalgalerie neu gestaltet, bepflanzt und ausgelichtet. Auch die verbindenden Kolonnaden zwischen den beiden Gebäuden wurden nach einem Entwurf von Thum mit dem noch vorhandenem Abbruchmaterial neu errichtet.[14]

3.2 Phasen der Gartenhistorie

Der Zustand des Gartens der Alten Nationalgalerie lässt sich grob in zwei Phasen aufteilen: Der Vorkriegszustand und der Nachkriegszustand.

Abb. 11 Festons mit Parthenocissus,
WIMMER C.A., SCHWARZKOPF J. 1993, S. 152

Abb. 12 Bänke am Fontänenplatz, 1916/17,
WIMMER C.A., SCHWARZKOPF J. 1993, S. 151

Vor dem Jahr 1936 waren im Garten der Alten Nationalgalerie Festons aus *Parthenocissus quinquefolia* an eisernen, 1,60 Meter hohen Thyrsusstäben vorhanden, welche mit feinen, vierfachen Ketten verbunden waren (siehe Abb. 11). Die Rasenflächen besaßen Schutzgitter wie im Lustgarten. Der Brunnen war ein aus Sandstein gefertigtes Becken mit reichem, römischen Mosaik (siehe Abb. 9). Er war von drei lehnenlosen Bänke mit steinernem Fuß und Holzauflage umgeben (siehe Abb. 12). Für die nötige Beleuchtung des Gartens sorgten 38 Gaskandelaber. Die gesamte Ausstattung verschwand fast vollständig im Kriegsgeschehen und ist heute nur noch durch die historischen Fotografien nachvollziehbar.[15]

---

[14] vgl. WIMMER/SCHWARZKOPF 1993, S. 153
[15] vgl. ebd., S. 149

Nach 1936 blieben bei der vereinfachten Neugestaltung nur noch die Sträucher an der Seite der Nationalgalerie und einige Bäume erhalten. Rasenfläche dominierte dann die Anlage und um den Brunnen zog sich eine circa 1,40 Meter hohe Hecke. Fahrbahnen wurden mit Gussasphalt angelegt und die ehemals asphaltierten Gehwegflächen wurden mit schlesischen Granitplatten belegt.[16]

1960 wurde die Gartenanlage in Anlehnung an den Vorkriegszustand, jedoch vereinfacht wiederhergestellt. Die Formensprache des einstigen Fontänenplatzes wurde reduziert: mit Blumenbeeten und Bänken umgeben wurde er halb rund, anstatt wie vorher vierpaßförmig.

Im Jahr 1992 wurden schließlich die Kolonnaden im südlichen Spreebereich entlang der Bodestraße wieder neu eröffnet.[17]

Allgemein lässt sich die Geschichte des Gartens der Alten Nationalgalerie von der Historie der umliegenden Gebäudeensemble herleiten: Die Alte Nationalgalerie wurde (genau wie das Alte und das Neue Museum) noch im Stil des Klassizismus errichtet. Der klassizistische Bezug zur griechischen Antike wird im tempelähnlichen Bau der Nationalgalerie sichtbar. Der Außenraum wurde von Anfang an historisierend und zurückhaltend gestaltet. Jedoch war der Zustand der Gartenanlage nach dem zweiten Weltkrieg noch schlichter, da viele gestaltende Elemente verloren gingen. Die Gartendenkmalpflege stand vor der Aufgabe herauszufinden, welcher der beiden Zustände rekonstruiert werden sollte, bzw. ob die Gartenanlage auf eine neue Art gestaltet werden soll.

4 Gartendenkmalpflegerische Aktivitäten

4.1 Gartendenkmalpflegerisches Gutachten

Die Senatsverwaltung für Stadtentwicklung und Umweltschutz der Bundesbaudirektion Berlin und die Grün Berlin GmbH beauftragten die Arbeitsgemeinschaft für Gartendenkmalpflege Dr. Wimmer und Schwarzkopf mit der Untersuchung der Museumsinsel aus denkmalpflegerischer Sicht. Im Jahr 1993 wurde das Gartendenkmalpflegerische Gutachten „Lustgarten und Museumsinsel in Berlin" veröffentlicht, welches sich unter anderem mit den Alternativen der Wiederherstellung im Garten der Alten Nationalgalerie beschäftigte. Das Gutachten erarbeitete drei Handlungsalternativen für das Areal, welche im Folgenden erörtert werden.

---

[16] vgl. WIMMER/SCHWARZKOPF 1993, S. 153
[17] vgl. ebd., S. 156

4.1.1 Alternative I: Rekonstruktion des Zustands von 1880

Die erste Alternative war die Rekonstruktion des Zustandes von 1880. Ein Grund dafür war das „Überwiegen von vor allem baulichen Elementen aus der Zeit". Bei einer Wiederherstellung des Zustandes von 1880 würde der Garten wieder eine „Einheit mit den Baulichkeiten" bilden, und somit das Gesamtkunstwerk im Sinne des Ensembleschutzes wieder hergestellt werden. Als weitere Argumente wurden die „Unabhängigkeit von anderen Freiräumen", sowie die „Gestalterische Attraktivität" der Gartenanlage von 1880 aufgeführt. Als Argument gegen die Rekonstruktion dieses Zustands führte das Gutachten auf, dass die inzwischen stattgefundenen Änderungen der Alten Nationalgalerie (bezüglich „Innenarchitektur, Glaswände, Ausstellungsinhalte") im Falle dieser Rekonstruktion nicht berücksichtigt würden.[18]

4.1.2 Alternative II: Rekonstruktion des Zustands von 1935

Als starkes Argument für die Rekonstruktion des Gartens von 1935 wurde im Gutachten angeführt, das dies der „letzte historische Zustand" gewesen sei. Auch wären die Elemente der Gartenanlage von 1935 „weitgehend erhalten" (wie zum Beispiel Pflaster und Kolonnadenumbau). Bei einer Entscheidung für die Alternative II wäre somit die Nachbildung von Verlorenem nicht erforderlich. Gegen die Rekonstruktion dieser Gartenphase spräche laut dem Gartendenkmalpflegerischen Gutachten, dass sowohl das Gesamtkunstwerk der Freiräume verloren bliebe und dass wiederum die Änderungen der Nationalgalerie (bzgl. Innenarchitektur, Glaswände, Ausstellungsinhalte) unberücksichtigt blieben.[19]

4.1.3 Alternative III: Angepasste Konservierung

Als letzte Alternative führte das Gartendenkmalpflegerische Gutachten von 1993 die Neugestaltung des Areals um die Alte Nationalgalerie an. Diese Alternative würde im Sinne strenger Gartendenkmalpflege jede Nachbildung von bereits Verlorenem meiden und als einzige auf die Änderung der Alten Nationalgalerie (bzgl. Innenarchitektur, Glaswände, Ausstellungsinhalte) eingehen. Als einziges Argument gegen diese Alternative spräche, dass das Gesamtkunstwerk des Ensembles verloren bliebe.[20]

4.1.4 Empfehlung des Gutachtens

Das Gartendenkmalpflegerische Gutachten von 1993 sprach sich für *Alternative I* aus. Eine Rekonstruktion des Zustands von 1880 wurde deswegen als am besten erachtet, da „ der Garten der Nationalgalerie selbst immer weitgehend selbstständig im Ensemble

---

[18] vgl. WIMMER/SCHWARZKOPF 1993, S. 228

[19] vgl. ebd. 1993, S. 229 f

[20] vgl. ebd. 1993, S. 230 f

Museumsinsel lag und das architektonische Umfeld fast unverändert blieb". Es sollte eine möglichst authentische Wiederherstellung angestrebt werden.[21]

4.2 Entwicklungskonzept „Garten der Nationalgalerie" – Kolonnadengarten

Im Auftrag des Landesdenkmalamts Berlin erstellte Achim Röthig im Jahr 1998 das Entwicklungskonzept „Garten der Nationalgalerie" – Kolonnadengarten. Basierend auf dem gartendenkmalpflegerischen Gutachten von 1993 wird vorgeschlagen, die Außenanlage im Sinne der Bestandssituation um die Jahrhundertwende in ihren wichtigsten Grundzügen wieder instand zusetzen bzw. wiederherzustellen.[22]

Im Entwicklungskonzept werden die zu rekonstruierenden Objekte exakt aufgeführt: Die vierpaßförmige Brunnenanlage samt Platzfläche, die dazu gehörigen Bänke, die umlaufenden Heckenstrukturen, die zentral stehenden Festons, das umlaufende Tiergartengitter und die Formgehölze im Osten *(Buxus sempervirens, Syringa vulgaris)*. Nachbildungen der einst vorhandenen Beleuchtungskörper sollten im Areal aufgestellt werden. Auch die früher aufgestellten Plastiken sollten an ihre Originalstandorte zurückkehren. Röthig plante außerdem die Öffnung der Kolonnaden im Norden und Osten, um das Gesamtensemble des einstigen Kolonnadengartens wiederherzustellen (siehe Abb. 13).[23]

Abb. 13 Kolonnadengarten,
Röthig A., 1998, S. 16

Abb. 14 Archäologische Promenade,
http://www.museumsinsel-berlin.de [Stand 05.06.2008]

4.3 Masterplan Museumsinsel Berlin

Im Jahr 2000 wurde vom Büro David Chipperfield Architects der Masterplan Museumsinsel Berlin veröffentlicht. Der Masterplan betrifft die Alte Nationalgalerie und ihren Garten nicht direkt, sondern rückt diese und auch den Gedanken an Gartendenkmalpflege vielmehr in

---

[21] vgl. ebd. 1993, S. 232
[22] vgl. Röthig 1998, S. 9
[23] vgl. ebd., S. 9 f

den Hintergrund des Geschehens. Der Masterplan sieht eine Verbindung der Museen durch eine unterirdische archäologische Promenade vor, ausgehend von einem neu errichteten, modernen Eingangsgebäude (siehe Abb. 14). Allein die Alte Nationalgalerie bleibt von dem Plan ausgenommen, da sie durch die Kolonnaden bereits mit dem Neuen Museum verbunden ist. Durch den neuen Masterplan wird das bauliche Ensemble, sowie der Außenraum wieder als eine verbindend zu gestaltende Einheit gesehen. Der moderne Vernetzungsgedanke widerspricht der Entscheidung des Gartendenkmalpflegerischen Gutachtens und des Entwicklungskonzeptes „Garten der Nationalgalerie" – Kolonnadengarten den Garten der Nationalgalerie als Hortus conclusus zu sehen, der allein in einen bestimmten Zustand zurückgeführt werden soll.[24]

5 Beschreibung der Anlage: Entwurf „Öffentliche Räume auf der Museumsinsel Berlin-Mitte"

5.1 Das Gesamtkonzept

Der Entwurf des Büros Levin Monsigny Landschaftsarchitekten aus dem Jahr 2001/2002 enstand auf Basis des Masterplans Museumsinsel. Der Entwurf hat generell das Ziel, die Freiräume der Museumsinsel individuell zu gestalten und zu vernetzen. Die verbliebenen Freiräume werden als aus sandfarbenem Naturstein (siehe Abb. 15) bestehende Inseln begriffen, da dies das Ursprungsmaterial der Museumsinsel ist. Es wird die historische Nutzung des Umfeldes der Nationalgalerie als Skulpturengarten berücksichtigt: Auch künftig sollen hier wieder Skulpturen aufgestellt werden. Insgesamt wird im Garten der alten Nationalgalerie ein ruhiges, architektonisch klar gegliedertes Gesamtbild angestrebt (siehe Abb. 16).[25]

Abb. 15 Blick von der Freitreppe,
http://www.levin-monsigny.com/ [Stand 07.06.2008]

Abb. 16 Die Kolonnaden von Südosten gesehen,
http://www.levin-monsigny.com/ [Stand 07.06.2008]

[24] vgl. PLANUNGSGRUPPE MUSEUMSINSEL – DAVID CHIPPERFIELD ARCHITECTS 2000, S. 6 ff
[25] vgl. online im Internet: http://www.levin-monsigny.com/ [Stand 07.06.2008]

5.2 Die Entwurfselemente

5.2.1 Die Bepflanzung

Generell reiht sich die neu geplante Bepflanzung eher zurückhaltend in das Areal ein und unterstreicht vor allem die bereits vorgegebenen Raumkanten. Gemäß dem historischen Zustand nach dem Krieg befindet sich auf dem Areal direkt vor der Alten Nationalgalerie eine Rasenfläche, welche vom Brunnenplatz und den großzügig angelegten Wegen umgeben ist. Um den Brunnenplatz und auch entlang der Kolonnaden wird *Buxus sempervirens* in verschiedenen Sorten eingesetzt, womit ein Bezug zur Historie hergestellt wird. Aufgrund der verschiedenen Blattbeschaffenheiten ergibt sich ein abwechslungsreicheres Bild. Durch das streng geschnittene Formgehölz werden die vorgegebenen Raumkanten, sowie die Standorte der Skulpturen betont und die Linearität der Bauten verstärkt (siehe Abb. 17). Am Brunnenplatz hat die Hecke wie früher eine Vierpassform. Die zylindrisch geschnittenen Buchskörper, welche das Gebäude rahmen sind neue Gestaltungselemente. Als Gehölze wurden Platanen *(Platanus x hispanica)* in lockerer Anordnung im Garten gesetzt.[26]

5.2.2 Die Entwurfselemente

Die vierpassförmige Brunnenanlage bildet das historische und das neue Zentrum der Gartenanlage (siehe Abb. 18). Das Brunnenbecken und die Bänke sollen rekonstruiert werden. Weitere wichtige Elemente des Entwurfes sind die Skulpturen im Garten, welche an ihren historischen Standorten aufgestellt werden sollen. Der Bodenbelag besteht aus hellem Naturstein und ergänzt somit die umliegenden Fassaden. Insgesamt fügt sich die neue Gartenanlage harmonisch in den Rahmen der Kolonnaden ein.

Abb. 17 Skulpturengarten mit Buxus sempervirens,
http://www.levin-monsigny.com/ [Stand 07.06.2008]

Abb. 18 Entwurf Levin Monsigny 2001/2002,
http://www.levin-monsigny.com/ [Stand 07.06.2008]

---

[26] vgl. online im Internet: http://www.levin-monsigny.com/ [Stand 07.06.2008]

6 Gartendenkmalpflegerische Bewertung

Im Folgenden soll eine kurze, kritische Auseinandersetzung mit der Anlage sowie ihrer Entstehung vorgenommen werden. Diese resultiert aus den vorangegangenen Erläuterungen und spiegelt die persönliche Einschätzung der Autorin wieder.

Der Garten der Alten Nationalgalerie hat sich im Laufe der Vergangenheit mit den Veränderungen der umliegenden Architektur gewandelt. Der Zustand der Anlage vor dem Zweiten Weltkrieg (mit der im Garten reichlich vorhandene Ausstattung an Bepflanzung, Brunnen, Skulpturen, Laternen etc.) wurde von der viel schlichteren Gestaltungsphase der Nachkriegszeit abgelöst. Die Empfehlung des Gartendenkmalpflegerischen Gutachtens von 1993, den Zustand von 1880 zu rekonstruieren, kann aus strenger gartendenkmalpflegerischer Sicht äußerst kritisch betrachtet werden. Eine möglichst authentische Wiederherstellung des damaligen Zustands wäre durch die zahlreichen, verlässlichen Quellen (wie Pläne und Fotografien) zwar möglich, aber die Problematik in diesem Zusammenhang wäre die Zerstörung und Auslöschung anderer Zeit- und damit Denkmalebenen, welche die Rekonstruktion nur eines bestimmten Zustands nach sich ziehen würde.[27] Ein anderes Argument, was gegen die Wiederherstellung dieser Zeitschicht spräche, ist der eventuelle Verlust der Glaubwürdigkeit des gesamten Ensembles `Alte Nationalgalerie`. Mit diesem Argument wird die große Angst der Gartendenkmalpfleger angesprochen, dass dem unbekümmerten Besucher falsche Tatsachen vorgespiegelt werden könnten: Das scheinbar Alte wäre in Wirklichkeit nicht alt. Deswegen versucht die Denkmalpflege von jeher, neue Elemente und Objekte auch als solche kenntlich zu machen. Inwieweit diese Absicht im Falle der Rekonstruktion des Zustands von 1880 im Garten der Alten Nationalgalerie berücksichtigt werden würde, ist fragwürdig.

Außerdem gilt zu beachten, dass die Schichten eines Denkmals (ähnlich den Farben auf einer Wand) durch den Lauf der Zeit so eng miteinander verwachsen, dass sie ohne Zerstörungen nicht mehr voneinander getrennt werden können.[28] In diesem konkreten Fall hieße das: Die Rekonstruktion der Gartenanlage der Alten Nationalgalerie in eine Zeit vor dem Bau des Pergamonmuseums und vor der Veränderung der Kollonaden ist nur möglich, wenn auch dies alles `rekonstruiert` werden würde. Dies müsste den Abbruch von Bausubstanz bedeuten. Das dies nicht geschehen wird, ist eindeutig. Daraus resultiert, dass eine wirkliche und vollständige Rekonstruktion des Zustands von 1880 niemals möglich ist.

Hier stellt sich nun die Frage: Wo zieht die Denkmalpflege ihre Grenze? Wird es dem denkmalpflegerischen Anspruch gerecht, auf einem zwischen Kollonaden eingeschlossenen

---

[27] vgl. KOWARIK 1998, S. 99 ff
[28] vgl. DE JONG 2006, S. 114

Areal das Märchen einer vergangenen Zeitepoche wieder auferstehen zu lassen, ohne Rücksicht auf die Veränderungen und die Fortschrittlichkeit der Umgebung zu nehmen? Ich glaube es nicht.

Der Entwurf des Büros Levin Monsigny Landschaftsarchitekten aus dem Jahr 2001/2002 bezieht sich sowohl auf die Gestaltungsideen der Moderne, als auch auf die Historie. Das Produkt ist quasi eine Mischung aus den Vorschlägen der Gartendenkmalpflege und der Landschaftsarchitektur. Hier stellt sich die Frage ob diese Neugestaltung der Geschichte, dem architektonischen Rahmen und dem modernen Masterplan Museumsinsel gerecht wird. Ist dies ein Neuentwurf, wie er in der Charta von Venedig ausdrücklich empfohlen wird? Viele Denkmalpfleger lehnen den Neuentwurf ab, weil sie seine zu große Eigenständigkeit gegenüber des historischen Bestandes fürchten. Ist in diesem Fall die Befürchtung begründet? Die Landschaftsarchitekten von Levin Monsigny haben meiner Meinung nach die alten Zustände des Gartens für die Moderne wieder aufbereitet. Die historische Idee des zweiseitigen Skulpturengartens wurde im neuen Entwurf übernommen. Durch die geschnittenen Buchsbaumhecken, welche die Skulpturen umgeben, bekommt der Ort trotzdem einen neuen Charakter. Dennoch bleibt die historische Nutzung sichtbar und rückt in den Mittelpunkt des Geschehens.
Der Brunnenplatz ist eine umfassende Rekonstruktion: Das Brunnenbecken, die vierpassförmige Heckenstruktur und die drei Bänke wurden vollständig aus dem Garten der Alten Nationalgalerie von 1880 übernommen. Wie oben bereits angeführt ist hier nachzufragen, inwieweit die neuen Elemente in der Ausführung dann als solche kenntlich gemacht werden, um den Ansprüchen der Gartendenkmalpflege zu entsprechen. Oder fällt der Entwurf aufgrund der Erhaltung des vierpassförmigen Beckens unter die schöpferische Denkmalpflege? Hiergegen spricht, dass wirklich alleine der Brunneplatz rekonstruiert werden soll. Nach der Definition Dieter Hennebos sollte ein Entwurf entsprechend der Schöpferischen Denkmalpflege besser die aktuellen Nutzungsansprüche befriedigen oder vermeintliche Mängel am historischen Konzept verbessern.
Im Neuentwurf von Levin Monsigny Landschaftsarchitekten befindet sich südlich des Brunnenplatzes eine Rasenfläche. Dies erinnert an den Zustand der Gartenanlage nach 1936, als Rasenflächen das gesamte Areal dominierten. Ein neues und charakteristisches Element des Neuentwurfes sind die Platanen, welche locker über das Areal verstreut wurden. Die Anordnung der Gehölze hat keinen Bezug zur Historie.

Zusammengenommen sind alle Gestaltungselemente entweder aus vergangenen Gartenphasen übernommen worden, oder fließen aus der modernen Landschaftsarchitektur in den Entwurf ein. Insgesamt lässt sich hier also kaum von einer Rekonstruktion eines bestimmten Zustands der Gartenanlage sprechen. In diesem Fall stellen

Gartendenkmalpfleger stets die Frage, ob diese Lösung den gewandelten Nutzungsansprüchen gerechter wird, als eine Rekonstruktion.

Der neue Entwurf entspricht meiner Meinung nach nicht den Ansprüchen einer strengen Denkmalpflege. Dies resultiert daraus, dass er auf Basis des neuen Masterplans Museumsinsel entstanden ist. Der Ausgangspunkt des Masterplans ist die Moderne: Das historische Ensemble Museumsinsel wird mit allen seinen Zeitschichten der modernen Vernetzung durch die archäologische Promenade untergeordnet. Das Garten/Denkmal wird respektiert, und dennoch wird nicht gezögert den Stil der Moderne (wie z.B. streng geschnittenen Buchsbaumhecken oder gläserne Empfangsgebäude) als nächste Zeitschicht zu den historischen Ebenen hinzuzufügen. Der Entwurf spiegelt die moderne Zeitepoche wieder und behält dennoch die Essenz der einstigen Gestaltung des Gartens der Alten Nationalgalerie bei.

7 Resümee

Der Garten der Alten Nationalgalerie ist ein anschauliches Beispiel für die Frage nach der Rekonstruktion, die so oft auf dem Gebiet der Gartendenkmalpflege gestellt wird. Es ist bisweilen sehr schwierig festzustellen, welcher Zustand einer Gartenanlage es ʻwertʻ ist für die Gegenwart wiederhergestellt zu werden oder ob ein ganz neuer Entwurf realisiert werden soll. Wenn Entscheidungsschwierigkeiten zwischen den Interessen bzw. Zuständen von früher und heute auftreten, hilft es vielleicht sich dieses Zitat von Charles Dickens zu verinnerlichen:
„Es hilft nichts, die Vergangenheit zurückrufen zu wollen, außer sie wirkt noch in die Gegenwart hinein."

Quellen

DE JONG, ERIK A. (2006): Der Garten - ein Ort des Wandels – Perspektive für die Denkmalpflege. Vdf Hochschulverlag AG, Zürich.

KOWARIK, INGO UND SCHMIDT, ERIKA UND SIGEL, BRIGITT (1998): Naturschutz und Denkmalpflege – Wege zu einem Dialog im Garten. Vdf Hochschulverlag AG, Zürich.

MENGES, AXEL (2003): Stüler/Strack/Merz – Alte Nationalgalerie Berlin. Edition Axel Menges, Stuttgart/London.

PLANUNGSGRUPPE MUSEUMSINSEL – DAVID CHIPPERFIELD ARCHITECTS (2000): Masterplan Museumsinsel Berlin. Staatliche Museen zu Berlin, Berlin.

RÖTHIG, ACHIM (1998): Museumsinsel Berlin-Mitte – Gartend der Nationalgalerie – Kolonnadengarten – Entwicklungskonzept. Landesdenkmalamt Berlin - Referat Gartendenkmalpflege, Berlin.

WEDEL, CAROLA (2002): Die Neue Museumsinsel – Der Mythos – Der Plan – Die Vision. Nicolaische Verlagsbuchhandlung GmbH, Berlin.

WIMMER, CLEMENS ALEXANDER UND SCHWARZKOPF, JOHANNES (1993): Lustgarten und Museumsinsel in Berlin - Gartendenkmalpflegerisches Gutachten. Berlin.

Internetquellen

LEVIN MONSIGNY GESELLSCHAFT VON LANDSCHAFTSARCHITEKTEN MBH (Hrsg.) (2002): Projekt Zwischenräume – Gestaltung des öffentlichen Raums auf der Museumsinsel Berlin - Mitte. Online im Internet: http://www.levin-monsigny.com/ [Stand 07.06.2008]

STAATLICHE MUSEEN ZU BELIN (2008): Sammlungen und Institute - Nationalgalerie. Online im Internet: http://www.smb.museum/smb/sammlungen/details.php?lang=de&objID=17323&typeId=1 [Stand 05.06.2008].

Abbildungsverzeichnis

Abb. 17:   Levin Monsigny Gesellschaft von Landschaftsarchitekten mbH   (Hrsg.) (2002): Projekt Zwischenräume – Gestaltung des öffentlichen Raums auf der Museumsinsel Berlin - Mitte. Online im Internet: http://www.levin-monsigny.com/ [Stand 07.06.2008]

Abb. 18:   Levin Monsigny Gesellschaft von Landschaftsarchitekten mbH   (Hrsg.) (2002): Projekt Zwischenräume – Gestaltung des öffentlichen Raums auf der Museumsinsel Berlin - Mitte. Online im Internet: http://www.levin-monsigny.com/ [Stand 07.06.2008]